建筑艺术

撰文/陈健瑜　　审订/黄士娟

中国盲文出版社

怎样使用《新视野学习百科》？

请带着好奇、快乐的心情，
展开一趟丰富、有趣的学习旅程！

1 开始正式进入本书之前，请先戴上神奇的思考帽，从书名想一想，这本书可能会说些什么呢？

2 神奇的思考帽一共有6顶，每次戴上一顶，并根据帽子下的指示来动动脑。

3 接下来，进入目录，浏览一下，看看这本书的结构是什么，可以帮助你建立整体的概念。

4 现在，开始正式进行这本书的探索啰！本书共14个单元，循序渐进，系统地说明本书主要知识。

5 英语关键词：选取在日常生活中实用的相关英语单词，让你随时可以秀一下，也可以帮助上网找资料。

6 新视野学习单：各式各样的题目设计，帮助加深学习效果。

7 我想知道……：这本书也可以倒过来读呢！你可以从最后这个单元的各种问题，来学习本书的各种知识，让阅读和学习更有变化！

神奇的思考帽

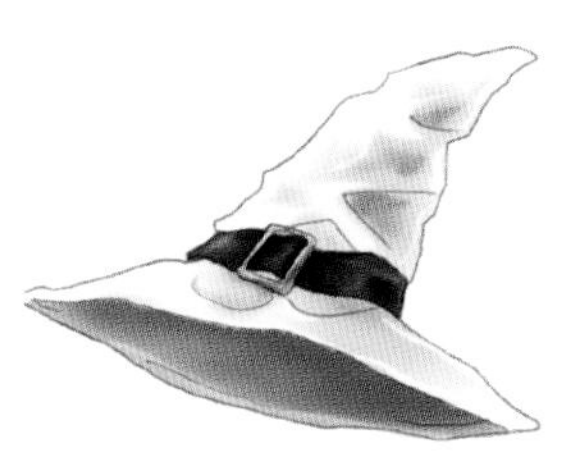

客观地想一想

用直觉想一想

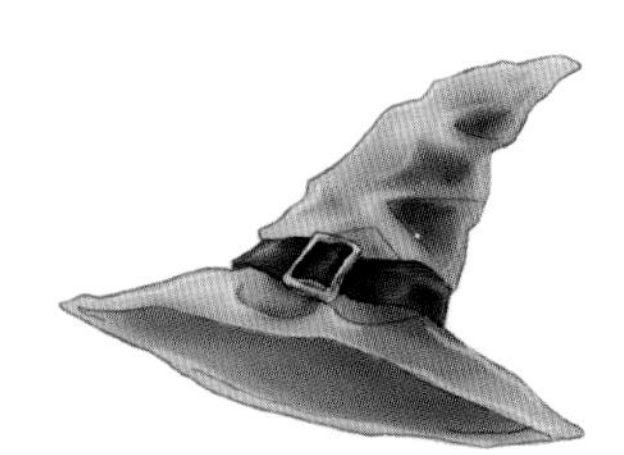

想一想优点

想一想缺点

想得越有创意越好

综合起来想一想

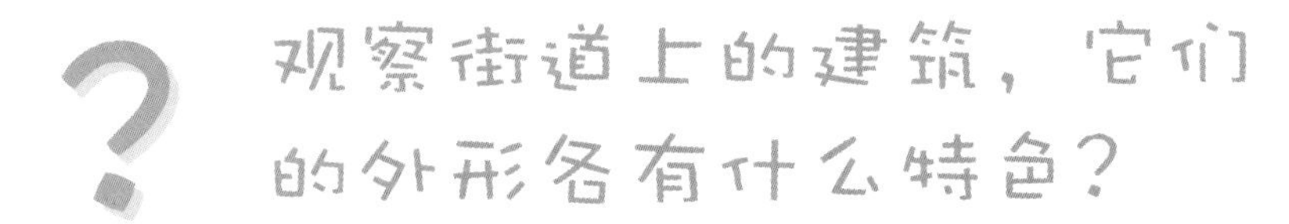

观察街道上的建筑，它们的外形各有什么特色？

你喜欢什么样子的建筑？

为什么古典的建筑风格常常会被重新提出？

现代的建筑大多采用国际风格，有什么缺点？

如果你是建筑师，你想把教室打造成什么样子？

每个时代的建筑风格受到哪些因素的影响？

目录

■神奇的思考帽

CONTENTS

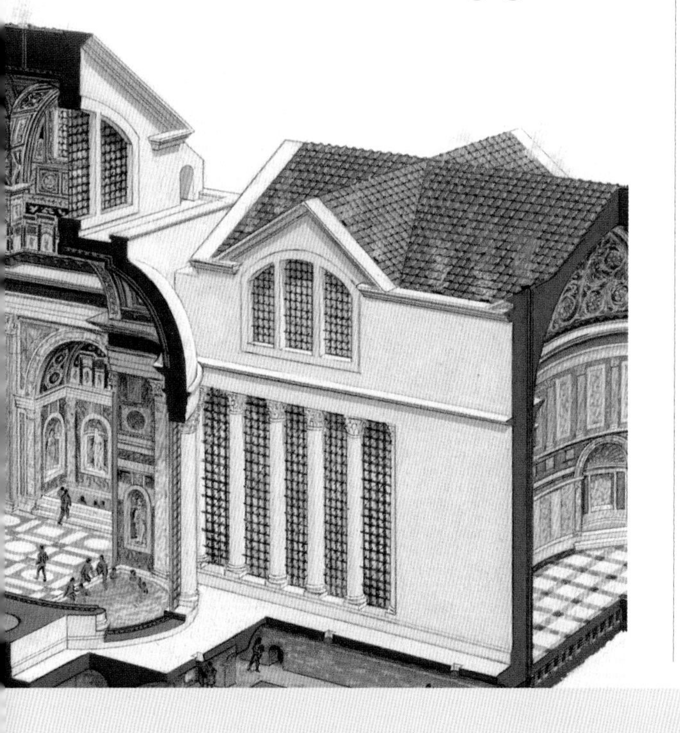

■专栏

单元1

建筑的元素

（制砖的原料极易取得，是许多民族采用的建材。图片提供/维基百科）

建筑是和人最亲近的艺术，我们生活、休憩、行走，都和建筑有关。设计一栋建筑，必须考量功能、结构、技术、资金等因素，每栋建筑都可视为是时代和文化的缩影。

砖是一种常见的建材，制作时先将泥土填入模子，再以砖窑烧制。（图片提供/达志影像）

建筑的结构与功能

古罗马建筑理论家维特鲁威曾说，好的建筑必须具备坚固、实用和美观3个条件。结构是支撑建筑的要件，使建材连接而不坍塌。依据建材属性，发展出叠砌式和框架式两种结构方式。在以泥砖或石块为主建材的地区，建筑多为叠砌式结构，特色是以厚实的墙身承载建筑重量，又称承重墙式，例如埃及金字塔。另外，石柱和楣梁相叠的梁柱结构与弧状的穹顶拱圈，也属于叠砌式结构，古希腊神庙和罗马万神殿都很典型。以木构造为主的地区，例如中国、日本，则采取框架式结构，先搭构房屋的骨干支架，再以其他材料填补墙身，墙壁本身不负荷建筑主要重量。

建筑最早的功能是为了遮风避雨，给人安全庇护。随着文明的演

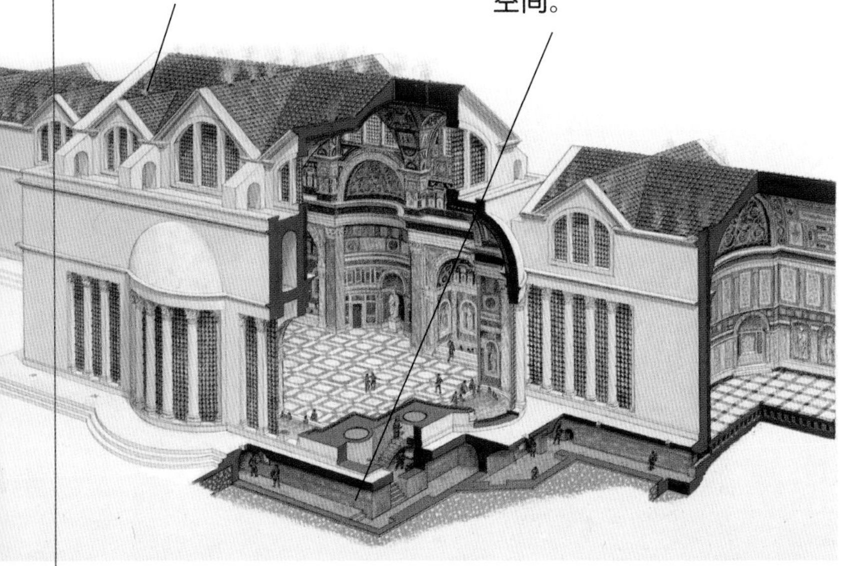

拱顶有排放热气的管道，可保持室内温暖。

地下有锅炉间、储藏室与奴隶活动的空间。

古罗马的浴场兼具清洁、社交与娱乐等功能。图雷真皇家浴场的主建筑呈长方形，有热水厅、冷水厅、更衣室、按摩室等，庞大且精致，反映浴场在古罗马人生活中的地位。（图片提供/达志影像）

进，宫殿、神庙、墓冢、浴场等建筑出现，各有功能与目的，也成为左右建筑风格的关键。

如何看懂建筑图纸

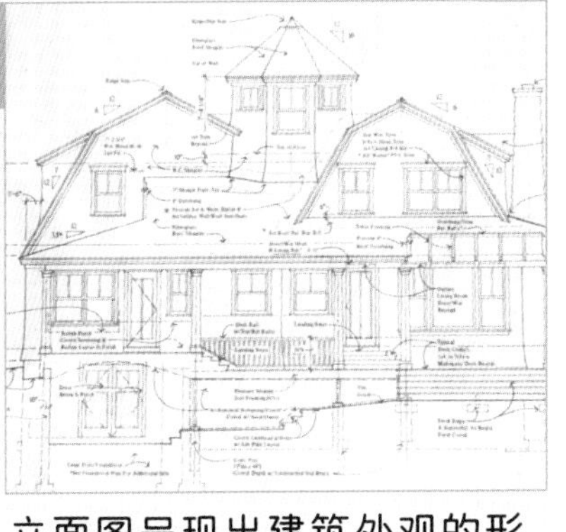
立面图呈现出建筑外观的形状、比例与尺度等，建筑师通过它呈现设计的概念，也可借以研究古建筑。（图片提供/达志影像）

建筑是三度空间的艺术，但呈现在图纸上则要转化成二度空间的平面。建筑图纸分为平面图与立面图，无论哪种必定是某个视角的剖面。平面图是从空中俯瞰建筑内部所看到的情况，仅呈现出内部陈设朝上的部分，例如入口玄关、窗框、花圃等，主要用来展示空间中物件的相对位置；立面图则是观者从正面或侧面看到的建筑外观，能清楚地描绘建筑的装饰、比例和秩序，主要用来展示房屋的外形。

建筑设计

建筑是由点、线、面、体与色彩、材质等元素构成，成为建筑的实体，并塑造建筑的风格。19世纪的英国建筑理论家威廉·莫里斯曾说："建筑涵盖人类生活整体环境的考虑。"冬季降雪的北欧，民居多为斜屋顶的木造屋，避免过重的雪压垮屋顶；阳光灿烂的希腊地中海沿岸，则常见连绵的白墙蓝拱窗平房。住宅能反映各地居民的生活模式，而具象征及纪念意义的建筑则体现时代的审美观和宇宙观。譬如古希腊神庙的柱列，是理性与秩序的典范；中古欧洲的哥特式教堂，则说明人对上帝的无限崇敬；17世纪的法国凡尔赛宫，以古典主义的语言彰显帝王权威，被称为"以石头诠释的政治制度"。

京都金阁寺融合日本寝殿造（1楼）、武家造（2楼）与禅宗建筑风格（3楼），外墙布满金箔，在日式庭园中倍显突出。（摄影/陈健瑜）

伟大的建筑须考量结构、材料的质感、空间的氛围、装饰的合宜性和周边环境的协调度等，与自然、社会、科技和艺术的发展息息相关。建筑风格会随时代精神而变动，以西方建筑为例，每种风格似乎都是对之前风格的反动，理性和浪漫思潮不断反复论辩，难怪有人说建筑是石头做的史书。

单元2

建筑的美感

(法国斯特拉斯堡教堂玫瑰花窗。图片提供/维基百科，摄影/Clostridium)

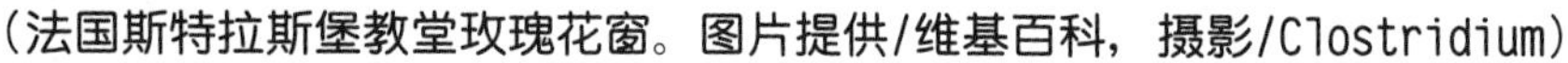

建筑是三度空间的艺术，欣赏建筑须实地进入其中，感受人与天花板间的距离，观察光线穿透门窗呈现的颜色，触摸柱与墙的厚度，才能真实体会建筑所传递的空间美学。

如何欣赏建筑

当我们观看一栋建筑时，建筑的尺度、材料的质感、装饰语汇与光线运用，都是不可错过的观察点。

建筑的尺度与比例相关，文艺复兴时期建筑师试图从人体探究出精确的几何和数字比，作为建筑设计的原则；宗教建筑高耸的塔楼是对神的尊崇，也是与天争高的技术挑战。不同的建材有其结构特性和组合方式，能呈现不同的美感。如运用得当就能与造型、体量、质感等完美结合。

东方传统建筑常装饰龙凤狮等祥兽，其数量多寡可凸显建筑的规格与等级，也有招纳祥瑞或震慑的作用。（图片提供/GFDL，摄影/Yongxinge）

装饰让建筑引人注意，也显示出文化特征。框架式建筑的榫接点、梁柱系统的柱头与柱身、拱圈和圆顶的周边，常是刻意装饰凸显的地方。恪守伊斯兰教义的清真寺，以几何或花草图案装饰；佛寺的门柱与壁龛多见佛陀成道的故事浮雕。光线是营造空间最重要的元素，不同强度与角度的光，能营造不同的气氛和美感。罗马万神殿的圆顶、哥特式教堂的玫瑰窗及现代玻璃帷幕建筑，都充满建筑师对光的计算和巧思。

柯布西耶的法国朗香教堂。优美的弧状造型使墙面与金属架构的混凝土屋顶一点也不显笨重。嵌有彩色玻璃的窗洞则为室内提供独特的光线效果。（图片提供/GFDL，Wladyslaw）

建筑的秩序

在构造、材料与装饰之外，建筑师心中存在的原则与秩序，才是将建筑提升到艺术层次的关键。利用重复、类似、对称或不规则的造型方法与空间布

莱特设计的纽约古根汉美术馆。环状螺旋造型与周围建筑形成对比。螺旋状坡道呈现一种规律且流动的美感，也方便参观者观赏展品。（图片提供/达志影像）

局，建筑师将构件组合成完整而立体的空间。

重复使用同质性的结构或材料，能营造一致性的整体感。例如让柱、拱等构件以系列的方式分布，便能产生有秩序的韵律，凝聚观者目光。但是一成不变会让人厌烦，于是许多建筑以“渐变”的方式呈现，或以楼层区分，越高楼层，样式越繁复；或从空间来变化，越接近主建筑，装饰越华丽。此外，运用对比、矛盾、混乱及层级区分等各种手法让建筑元素彼此对话，也能制造出和谐或冲突的美感。以米开朗琪罗的圣罗伦佐教堂为例，看来对称的立面隐藏许多变化，复杂却不混乱，展示出大师的功力。

英国牛津大学博德利图书馆，建筑底层与上层无论建材、设计与装饰方法都不尽相同，秩序中存有变化。

动手做收纳盒小屋

建筑的外貌有千百种，里面藏着不同的“秘密”。利用新鲜屋纸盒，你也能“盖”一栋属于自己的收纳盒小屋，把心爱的物品收纳进去。材料：新鲜屋纸盒、珍珠板、瓦楞纸、纸板、水彩笔、刀片、剪刀、黏胶、胶带、丙烯颜料。

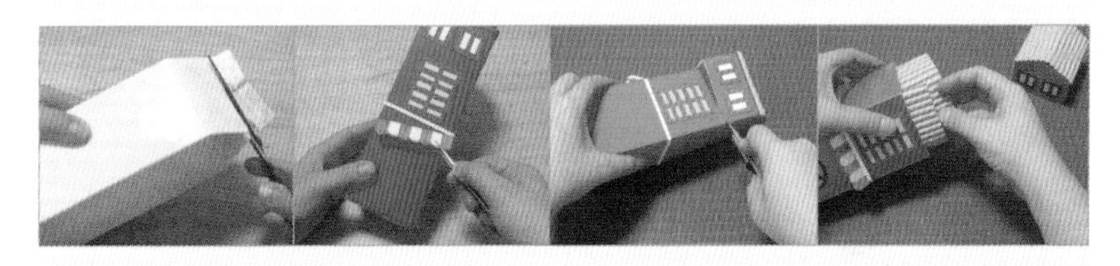

1. 将新鲜屋纸盒上方凸起处剪平，两侧内凹部分以纸板补平，用胶带固定，成为三角形屋顶。
2. 用丙烯颜料在纸盒上涂底色，屋顶黏上瓦楞纸（纹路横走）。再以纸板、珍珠板做出门窗等。
3. 将纸盒切成上下两段，上段(含盒盖)高度约7厘米。
4. 下段内部粘上一截瓦楞纸（纹路直走），需比下盒高出约1.5厘米。盖上屋顶，收纳盒小屋就做好啦！你也可以依照收纳需求，把小屋“盖”得矮一些！

（制作/杨雅婷）

单元3

西方建筑的萌芽

(埃及考姆翁布神庙Temple of Kom Ombo。图片提供/GFDL，摄影/Michael Reeve)

在公元前4,000—前3,000年之间，西亚两河流域和埃及尼罗河畔开始出现宏伟壮观的建筑群，其中以神庙、宫殿与陵墓建筑最为精彩。两地的建筑技术和样式，为欧洲千百年来的建筑文明提供了充足的养分。

巴比伦的伊什塔尔城墙面贴满蓝色琉璃砖，并饰以神兽浮雕。（图片提供维基百科，摄影/Josep Renalias）

两河流域的城与塔庙

两河流域曾是世界上最肥沃的土地之一，苏美尔城邦、巴比伦帝国、亚述王朝三大文明相继在此崛起。因战事不断，用以防御及彰显气势的城与塔庙，成为当地最有特色的建筑。阶梯形塔庙是两河文明城市中最高的建筑，宽大的楼梯直通顶端神殿，入口处的拱门显示当时已有拱状结构。由于此地不产木材，也缺乏石头，当地以泥砖和黏土作为建材，利用沥青混合芦苇、灰泥作为黏接剂，叠砌出坚固厚实的块状城墙。某些神庙与宫殿的外墙铺有瓷砖，其中琉璃砖是巴比伦相当自豪的建筑成就，蓝色、金黄色的琉璃砖瓦，也成为后世宫殿及伊斯兰教建筑喜爱采用的装饰。

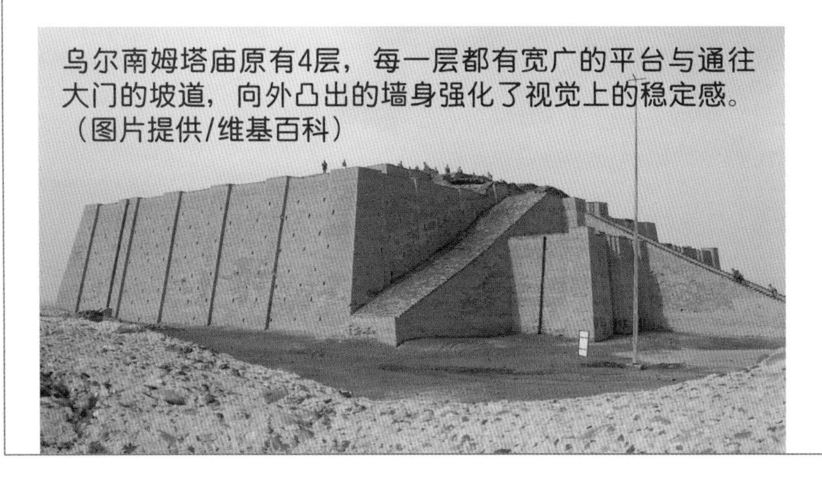

乌尔南姆塔庙原有4层，每一层都有宽广的平台与通往大门的坡道，向外凸出的墙身强化了视觉上的稳定感。（图片提供/维基百科）

埃及的金字塔与神庙

埃及金字塔是法老追求永恒不朽的象征。精确的几何造型与复杂的内部通道，守护着法老死后的世界。第四王朝（公元前2,613年—前2,498年）是金字塔建筑的辉煌期，以吉萨3座大金字塔最著名。金字塔塔身由上百万块石块组成，每块平均2.5吨重，工匠们以砂浆润滑斜面，慢慢将石块推移到正确位置。石块与石块间没有接合剂，仿佛是浑然天成的大型锥体。神庙建筑风格与金字塔迥然不同，已出现梁柱结构，多有高耸的塔门、如林的石柱长廊和露天庭院。石柱很粗，表面常雕有图像，柱身刻有宽槽，古希腊建筑常见的多立克柱式在此已见雏形。

柱子由下而上依序为柱础、柱身与柱头，柱头的装饰手法最多变，左图为菲莱神殿植物柱头。（图片提供/GFDL，摄影/Steve F-E-Cameron）古埃及人也在柱身雕刻神祇、法老等浮雕。右图为考姆翁布神庙柱身浮雕。（图片提供/维基百科，摄影/Isewell）

伟大的埃及建筑师：伊姆霍特普

伊姆霍特普（Imhotep）是埃及第三王朝的大祭司，同时是左塞王金字塔的设计者，他被誉为历史上第一个留名的建筑师。他设计出阶梯式金字塔，还将粗糙的石块修整磨平，拼成连续的光滑表面，是历史上第一个使用方石的建筑师。另外，伊姆霍特普以当地建筑常用的苇束为灵感，转化为圆柱，并且模仿纸莎草的茎杆，设计出植物状的柱头，影响日后希腊柱式的发展。

伊姆霍特普是古埃及法老左塞的宰相，被埃及人奉为建筑之神。其最著名的建筑成就是设计与建造埃及第一座阶梯式金字塔。（图片提供/GFDL，摄影/Hu Totya）

金字塔为古埃及法老的陵墓，宏大的规模以及由等边三角形构成的完美几何形体，反映了古埃及人惊人的毅力与精良的建筑技艺。（绘图/吴昭季）

埃及菲莱神殿供奉伊希斯女神，殿中石柱林立。古埃及对柱式的应用，启发了古希腊乃至后来的西方建筑艺术。（图片提供/维基百科，摄影/Blueshade）

古希腊罗马建筑

（希腊帕特农神庙西侧的柱顶线盘。图片提供/维基百科，Thermos）

古希腊罗马建筑是人类重要遗产，留给后世丰富的建筑语汇。希腊神庙发展出“柱式”系统，确立西方古典建筑样式的美学基础；罗马人利用混凝土与拱圈技术，发展出拱门、拱顶与穹窿顶结构，其中的厅堂（或称巴西利卡）设计，更成为中世纪西方教堂的基本形式。

希腊神庙建筑

古希腊文明在公元前5世纪达到成熟，这个时期的代表性建筑为希腊神庙。神庙由台基、柱子、柱顶线盘（楣梁与楣梁间的装饰）、山墙及屋顶组成。神庙建筑的长宽高与柱子间距都按一定比例建造，给人对称与均衡的感觉，成列圆柱也完美表达了严谨的秩序之美。“柱式”是用来区分希腊神庙风格类型的标准，多立克、爱奥尼克与科林斯3种柱式的直径和高度各有一定的比例，柱子与柱子之间也维持着和谐的间距。古希腊人将极复杂的几何原则，以简单的形式表现在建筑上，古希腊建筑因此成为均匀、完美的建筑典范。

雅典帕特农神庙使用多立克柱，共46根大理石柱环绕，和谐的柱式比例使神庙看起来坚实、稳固。（图片提供/GFDL，Harrietal171）

多立克柱　爱奥尼克柱　科林斯柱

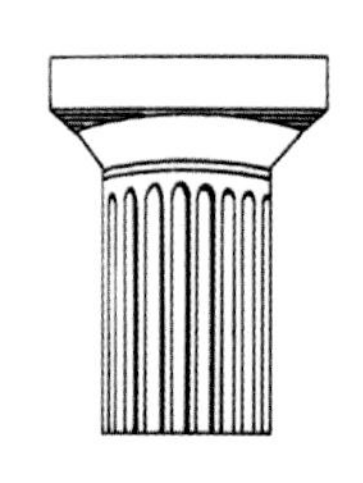

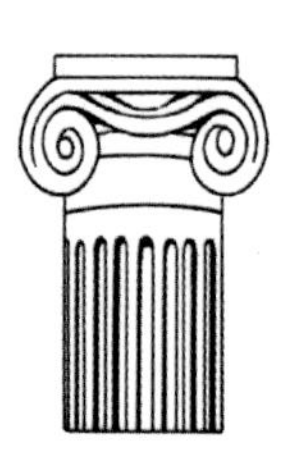

多立克柱：方柱头，无柱础；爱奥尼克柱：柱头有旋涡状装饰；科林斯柱：柱头是茛苕叶雕刻，希腊化时期与罗马帝国常采用。（图片提供/维基百科）

罗马公共建筑

在罗马帝国全盛时期，古罗马城是座拥有百万人口的大都市。为解决居民衣食住行等方面的问题，大型公共建筑，例如引水道、桥梁、巴西利卡聚会所、大浴场与剧场等相继兴建，人的空间取代了神的居所，成为城市中显著的地标。其中，混凝土的发明以及拱圈技术的成熟，是打造罗马城的关键因素。古罗马人将火山灰与石灰、砾石混在一起，发明了混凝土。这项建材由于取得容易、价格便宜，可塑造出或方或圆的造型，有利于拱圈的应用。拱的大跨度与穹顶结构的出现，为建筑腾出更大的室内空间。像罗马竞技场这一类大型的公共建筑，不仅展现了罗马帝国的强盛，也显示出罗马人成熟的建筑技术。竞技场被视为圆形剧场建筑的典范，4层楼面以柱式与连续拱为装饰，在此柱子已失去其功能性，转变为嵌在墙上的壁柱。壁柱的使用在文艺复兴时期成为主流的装饰语汇。

万神殿是罗马圆顶建筑的完美典型，圆厅直径43米，是19世纪前跨度最大的穹窿顶建筑。（图片提供/达志影像）

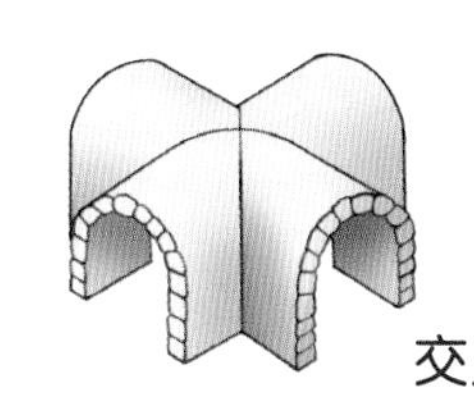

拱圈是以砖石由两侧向上叠砌形成的弧状结构，可将建筑的重量通过两侧的支撑力传至地面或拱肋上，因此能营造出大跨距的空间，延伸成建筑的顶端。（绘图/陈志伟）

罗马竞技场是罗马帝国重要的公共建筑类型，为椭圆形，共4层，建筑上充分运用拱圈技术。（图片提供/维基百科，摄影/Diliff）

维特鲁威的人体理论

维特鲁威（Vitruvius）是罗马帝国时代的军事工程师，也是第一位建筑理论家。他在献给罗马皇帝奥古斯都的《建筑十书》中，详细记载了古希腊、罗马的建筑教育、方法、构图和审美观。他将希腊柱式中的柱头、柱身及柱础，类比到人体的头、躯体和脚的比例上，并指出大部分的测量单位都与人体有关，像inch（英寸）原意为手指，palm（一手宽）是手掌，foot（英尺）是指人的脚等，因此建筑的形式、结构和尺寸等，也应依据人体的比例原则来设定。此外，维特鲁威还提出多立克柱象征成年男子、爱奥尼克柱代表身材纤细的女性、科林斯柱则是模仿年轻曼妙的少女。他的种种说法，建构出人与建筑造型之间的比例关系，成为文艺复兴时期多位建筑大师争相探讨的议题。

单元5

中世纪建筑

（英国伦敦塔。图片提供/维基百科，摄影/Viki Male）

中世纪欧洲是基督教的世界，罗马人的聚会所转为基督徒的教堂与修道院。前期流行仿罗马建筑，具有筒形拱顶、厚实墙身和狭长窗孔等特色。稍后兴起的哥特式建筑，则多尖拱、飞扶壁及大型玻璃窗。

由前至后为比萨洗礼堂、大教堂与斜塔。比萨教堂建筑群为意大利仿罗马风格的典范。（图片提供/维基百科，摄影/Massimo Catarinella）

仿罗马式建筑

仿罗马式建筑为11—12世纪中欧和西欧普遍流行的建筑风格，主要使用在教堂及修道院。由于这类建筑拥有厚实的承重墙和半圆形的筒形拱顶，并刻意选用古罗马柱式和拱窗作为装饰，所以称为仿罗马式建筑。

为了表达对神的敬意，其平面多呈现十字形。中央的主殿较高，两侧翼殿较低；西边建有双塔与钟楼，东边为半圆形的祭殿空间。建筑的正面有成排的拱窗与拱廊装饰入口，柱头与门楣上刻有繁复的花纹或以圣经故事为主题的浮雕。内部墙面及圆顶天花板上，则是宗教色彩鲜明的彩绘壁画。仿罗马式建筑的主要建材是石头，窗小而墙体厚高，营造出令人敬畏的气氛，具明显的朝圣意味。

法国圣马德琳教堂为典型的仿罗马建筑，有着筒形拱顶、条纹装饰的圆拱与科林斯柱。（图片提供/GFDL，摄影/Jean-Christophe BENOIST）

哥特式建筑

12世纪，法国巴黎开始带动出一种新形态的教堂风格——哥特式建筑。它是由仿罗马式建筑发展而来，却表现出全然不同的空间与外观造型，其关键因素是在结构上采用了尖拱、拱肋与飞扶壁。这3种技术的成熟，降低了墙壁所担负的承重作用，于是能以大面积的彩色玻璃窗取代厚实的墙身，光线经玫瑰窗穿透内殿，营造出灿烂且神圣的感受，一扫仿罗马式教堂的幽暗与沉重。另一方面，尖拱轻巧，在建造上具有弹性，因而能变化出不同的向上攀升角度。拱顶的重量被疏导至交织的拱肋上，外侧还有巨大的飞扶壁支撑，增加稳定性，所以能建造出高耸、网状的骨架结构。在15世纪之前，哥特式建筑是欧洲的主要建筑风格。

巴黎圣母院（左）为哥特式建筑，第一层为3座尖拱门；向上是玫瑰窗，上方高塔即雨果《巴黎圣母院》里的钟楼。（图片提供/GFDL，摄影/Sanchezn）

德国科隆大教堂（右）的尖拱肋，营造出高耸的空间感。（图片提供/GFDL，摄影/Thomas Robbin）

欧洲庄园城堡

中世纪欧洲是由庄园所构成的封建社会。各地庄园间屡有征战，为保障产业与自身安全，贵族竞相构筑防御性城堡。早期的城堡是以木材建造于土岗上，外有城廓。后来为加强防御，城堡逐渐发展成坚实的石造建筑，周围挖掘护城河或干壕沟作为防护。城堡的主建筑称为核堡，多建于高地，以粗厚的石材打造，外形有方形、圆形与八角形等，上头设有大型瞭望楼或钟楼，护守着城堡与自给自足的农庄世界。代表的建筑有英国的伦敦塔和温莎堡、德国马克斯堡、法国卡尔卡松城等。

法国卡尔卡松城有内、外双重城墙，防御功能强。（图片提供/达志影像）

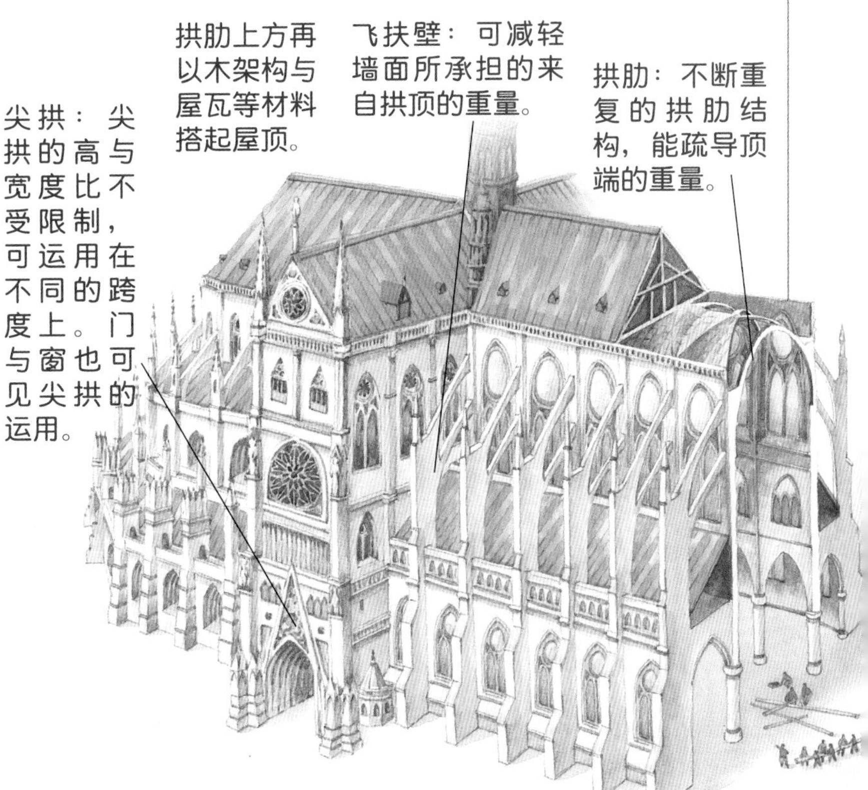

尖拱、拱肋、飞扶壁、尖塔与玫瑰窗等构成哥特式建筑的重要特色。造型高耸的哥特式建筑映衬着人的渺小，并展现中世纪人们对神的崇敬。（绘图/刘俊男）

文艺复兴建筑

（圣彼得大教堂。上方圆顶由米开朗琪罗设计。图片提供/维基百科）

文艺复兴时期是建筑大师展现风格的辉煌时代，他们承接古罗马维特鲁威《建筑十书》中的理论，意图重建古典秩序的理性与和谐。文艺复兴建筑强调对称与空间特性，开创出以人为本、崇尚古典的审美标准。古代建筑样式在此时期，蜕变成全新风貌。

早期文艺复兴风格

15世纪之后，文艺复兴运动从意大利的佛罗伦萨展开。由于贸易频繁与中产阶级兴起，人们产生重新寻回古希腊罗马时期荣光的念头，欧洲城市兴起一阵恢复古典希腊与罗马文明的风潮。中世纪崇尚以神为主、往上发展的哥特式教堂，文艺复兴的建筑却转变为水平，强调理性与对称，重视人性尺度，但比古希腊罗马时代的建筑更讲究比例与几何的精确性。

布鲁内莱斯基（左）和阿尔伯蒂（右）是早期文艺复兴风格的代表人物。他们和同时期的建筑师一样，一方面从古代建筑汲取养分，一方面开拓新的空间秩序。

（图片提供/维基百科）（图片提供/GFDL）

矫饰主义

到了16世纪末，文艺复兴建筑原本对精确比例与对称设计的追求，已变成烦琐无聊的限制。这时出现了一种刻意嘲弄古典原则的建筑手法，称为“矫饰主义”。这种文艺复兴后期兴起的建筑主义，是以米开朗琪罗的设计为学习对象，打破绝对方圆的几何关系，加入各种扭曲不规则的造型。在建筑构件的细部大开古典准则的玩笑，像是为建筑外观镶上不协调的装饰，罗马诺设计的德泰宫即是此风格的典范。德泰宫的4个立面都不一致，看似粗糙的外墙却搭配平滑的多立克式壁柱，拱门与窗户上的拱心石，不按常规地凸起；室内大天花板的壁画，则充满夸张的想象。矫饰主义可说是介于文艺复兴与巴洛克之间的过渡风格。

德泰宫是矫饰主义建筑，有平滑壁柱搭配粗糙墙面或是故意突出拱心石等设计。（图片提供/GFDL，摄影/Marcok）

公共建筑在此时再度成为焦点，被

视为荣耀市镇的象征。建筑师不再只是搭盖房子的工匠而是艺术家。其中，布鲁内莱斯基开创出新的圆顶建造技法，喜好采用连续拱廊与集中式平面的设计。阿尔伯蒂则认为，建筑的美来自于各部分比例的和谐，注重柱式与厚壁的运用，他撰写的《论建筑》是文艺复兴时期建筑师必读的理论著作。

佛罗伦萨的新圣母堂由阿尔伯蒂设计，采用古希腊罗马流行的科林斯柱列、三角檐饰等手法。（图片提供/GFDL，摄影/Georges Jansoone）

盛期文艺复兴风格

盛期文艺复兴是指15世纪末之后，由布拉曼特、帕拉第奥及米开朗琪罗等开创出的风格。他们的共同特质在于追求稳定，强调力与美的表达。

布鲁内莱斯基创新“鱼刺式”建造法，构筑佛罗伦萨大教堂的圆顶。（图片提供/维基百科）

布拉曼特设计的罗马圣彼得小神殿，被视为完美典型。以罗马塔司干柱列（柱头与多立克式类似，柱身平坦）环绕圆形空间，圆顶、鼓环与栏杆的比例恰到好处，是18世纪新古典主义的模仿对象。

佛罗伦萨大教堂原采用哥特式风格，受文艺复兴运动影响，1419年委托布鲁内莱斯基兴建圆顶，采用双层设计，八角形。顶部的灯笼形天窗，精致古典。内部画作为16世纪画家瓦萨里所绘。（图片提供/维基百科）

帕拉第奥以古希腊神庙的正面，作为16世纪新贵族宅邸的大门设计；将教堂圆顶大胆运用在民宅上，成为欧洲大型别墅的流行样式。米开朗琪罗为盛期文艺复兴风格开拓新的方向，摆脱以往对比例的过分执着，发明高达两层楼或与建筑立面同高的巨柱，将分散的柱式统合成大圆柱，使建筑整体更加协调。同时巧妙地让雕刻融入建筑空间，不仅是矫饰主义的先师，也影响巴洛克艺术的发展。

意大利维琴察圆厅别墅是帕拉第奥建筑的代表。将神殿的山墙、圆顶等运用在民宅，影响18世纪英国乔治亚式住宅风格。（图片提供/GFDL，摄影/Hans A. Rosbach）

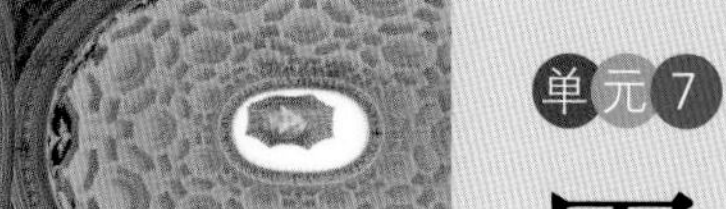

单元7

巴洛克建筑

（纯以各式几何图形构成的罗马四泉圣卡罗教堂的椭圆顶藻井。图片提供/维基百科，摄影/Jastrow）

巴洛克原意为“变形的珍珠”，巴洛克建筑也给人耀眼、华丽、充满想象的感受。建筑师以自由、不对称、波浪状的结构线条，营造出动态感。17—18世纪的天主教教会与欧洲王室都偏好此风格的建筑，以彰显其权力。

（摄影/Jean-Christophe BENDIST）

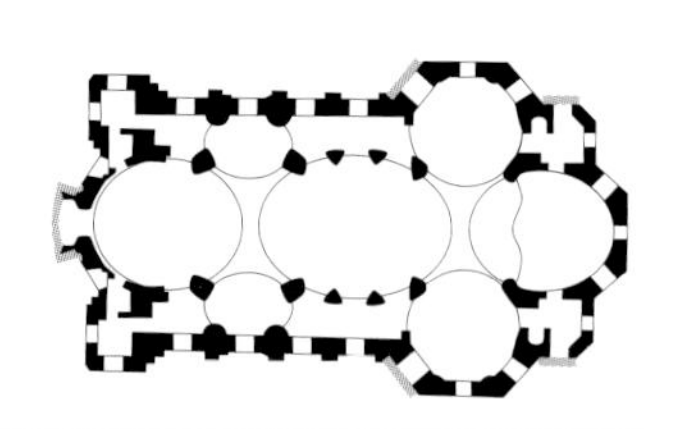

上图：罗马四泉圣卡罗教堂开创巴洛克建筑的动态风格，波浪状的外墙呈现柔软的错觉。（图片提供/GFDL）

左图：巴洛克教堂以椭圆形为平面设计的基础，文艺复兴则采用圆形。（绘图/施佳芬）

巴洛克教堂

巴洛克建筑源自17世纪的罗马，当时的罗马天主教会认为：“人类应以最戏剧化的才华为宗教服务。”建筑师于是抛弃文艺复兴风格的对称、均衡与理性，大胆采用曲线、旋涡状与椭圆等形状规划建筑的立面和空间。他们尤其喜欢以椭圆形作为教堂平面的基础造型，加上结构复杂、装饰丰富的三角楣以及突兀的巨柱与弯曲的墙面，为建筑创造出波浪般的律动感。巴洛克建筑师擅长创作“幻象”，打破建筑空间的界线。例如他们以雕塑与绘画凸显天花板通往天堂的幻象；以流线型的阶梯创造向上提升的效果。这类教堂如同城市中的雕塑品，伫立在广场中最醒目的位置，供人仰望。代表性的建筑师有贝尼尼和波罗米尼。前者设计的圣彼得广场，糅合建筑、雕塑与绘画技巧，是巴洛克空间艺术的代表；后者让教堂内外充满凹凸的波浪曲线，被誉为巴洛克风格的主导者。

贝尼尼为圣彼得教堂设计的主坛顶篷。复杂的造型与曲线造成的戏剧效果，是巴洛克建筑的要（图片提供/达志影像）

巴洛克宫殿

17世纪中叶之后，欧洲几个较强盛的王室，逐渐察觉巴洛克建筑同样适合作为君权的象征，于是开始推动兴建巴洛克样式的宫殿及庭园，其中以路易十四时期的法国最显著。不过法国的巴洛克建筑仍具有文艺复兴风格的典雅气质，以凡尔赛宫为代表，主建筑立面对称的柱式与成排的拱窗属文艺复兴风格，但战争厅、和平厅、镜厅、皇家教堂等建筑，都是典型的巴洛克风格。这些建筑的外观装饰着造型多元的雕刻，内部布满浮雕与彩绘，富丽堂皇，并由此衍生出洛可可装饰风格。周围宽广的几何式庭院设计，则延续宫殿的焦点和动线，成为法国庭园的典型。

维也纳美泉宫以及德国宁芬堡、英国布莱尼姆宫等，都受凡尔赛宫影响，发展出融合巴洛克与洛可可的建筑风格。

洛可可风格

洛可可风格大师纽曼设计的德国十四圣徒朝圣教堂，采用石膏、镀金、壁画等装饰，明亮而优雅。（图片提供/达志影像）

洛可可是法国巴洛克时期发展出的一种装饰风格，也称“后期巴洛克风格”。洛可可风格从巴黎贵族的住宅内开始流行，目的在于营造优雅明亮的空间，方便举办社交活动。洛可可一词来自法文rocaille，意思为“岩石与贝壳”，它反映出这类装饰的自然色彩。在以洛可可风格打造的空间内，墙壁、天花板等常见花叶、贝壳、珊瑚、海草等造型的雕饰。中国样式、阿拉伯花纹也被运用在洛可可风格中，特别是在一些富丽的宫殿，这类融入“东方异国风情”的装饰常作为窗户的边框。此外，洛可可风格的室内建筑通常没有柱子与壁柱，天花板与墙面融为一体。与巴洛克相比，其色彩搭配也较轻巧柔和。

凡尔赛宫镜厅由芒萨尔设计，面向花园的墙有17座拱窗，与对面的17面镜子对应，虚实交错极富戏剧性。（图片提供/达志影像）

单元8

新古典与哥特样式复兴建筑

（德国新古典主义建筑的代表——勃兰登堡门。图片提供/维基百科，Fersy）

新古典与哥特样式复兴建筑的流行，代表了18世纪中期欧洲社会对巴洛克、洛可可华丽宫廷风格的反动。在工业革命、法国大革命等剧烈的社会变动下，人们怀念起过去的朴素生活。新古典主义追求回归古希腊风貌，哥特样式复兴则将眼光投注到中世纪的浪漫情调上。

巴黎先贤祠由法国新古典主义重量级建筑师苏夫洛规划建造，有优雅的科林斯柱、古典山墙与中央突出的鼓环及圆顶，兼顾传统与创新。（图片提供/GFDL，摄影/Manfred Heyde）

新古典主义

18世纪中期之后，欧洲启蒙运动引领出理性主义与学术考古的热潮。人们发觉古希腊遗址的真实面貌与学院派的古典教条有落差，于是再次着手研究建筑的起源，重新以实证的科学精神了解古代建筑。德国的考古与艺术史家温克尔曼曾提出，古希腊建筑代表“高贵的单纯与冷静的伟大”。巴洛克的浮夸风格逐渐退出舞台，建筑师再度提倡柱式的秩序，并以更严谨的方法，计算建筑立面与平面的几何比例关系。不过新古典主义不纯然是古典风格的沿袭，而是赋予建筑新的观念，寻求实用与简洁的新建筑准则。它的特色是大量运用圆顶、三角形山墙与古希腊柱式门廊。柱子再度成为结构的一环，而非墙面装饰。建筑物立面简洁无赘饰，给人严谨、稳重的观感，也为19世纪末现代主义建筑的兴起奠下沃土。

对古希腊的兴趣在18世纪再度涌现，雅典学院的柱头、山墙与雕刻无不取法古希腊并加以创新。（图片提供/GFDL，摄影/Badseed）

哥特样式复兴

英国雷卡克修道院内部采取具有装饰功能的肋拱顶，门与窗也再现哥特式建筑层层内缩与尖拱的设计。（图片提供/维基百科，摄影/Greenshed）

18世纪展开的工业革命，为欧洲社会带来剧烈的影响。城市的天际线不再以教堂的尖顶为主，而是被工厂烟囱取代。到了19世纪中叶，一股怀想中世纪浪漫情怀的思潮涌起，英国建筑师普金（1812—1852）更认为，哥特式建筑拥有兼具道德与结构意义的风格，工匠忠实地使用材料，营造出高耸且神秘的想象空间，代表了基督信仰的权威与永恒。19世纪最重要的建筑理论家拉斯金（1819—1900）承继这个观点，呼吁建筑应回归中世纪工匠创作的自由精神，新风格应以哥特式建筑为基础，发展出结构宛如自然生成且形态自由的建筑。他的观念也深刻影响了现代建筑的发展。

英国牛津大学基布尔学院建筑由威廉·巴特菲尔德设计，引用尖塔、尖拱等哥特式建筑元素，墙面采用红、灰等色，属英国哥特样式复兴建筑或维多利亚式建筑。（图片提供/GFDL，摄影/Diliff）

布杂艺术风格

法国大革命之后，人们亟欲寻找出一种能代表新时代的建筑风格。19世纪中叶，法国美术学院（Ecole des Beaux-Arts，又称布杂学院）提出应该在古典的法则下教育下一代建筑师的主张，让学生在日复一日的模拟中，学习如何绘制建筑图纸。布杂学院更首度将实务训练加以课程化（术科），成为欧洲建筑教育的先驱。由于学院教师鼓励学生运用历史上不同时期的建筑风格作为设计的灵感，创作出的作品既属新古典主义晚期风格，又带有历史主义的色彩。除了法国，在1880—1930年间，布杂学派的建筑风格也影响了美国的城市设计与城市规划。其中，纽约的中央火车站、公共图书馆等都是此风格的知名建筑。

1913年改为今貌的纽约中央火车站，其结构与装饰都显示着一种古典、对称的风格。（图片提供/GFDL，摄影/Fcb981）

单元9

西方历史样式建筑

（秘鲁库斯科，耶稣会教堂，美洲历史主义建筑。图片提供/GFDL，摄影/Cacophony）

19世纪中期之后，社会形态的改变、新技术的发明，以及新富豪们彼此间的建筑竞赛，使得曾经在不同历史阶段盛行过的建筑风格，纷纷成 为建筑师取材的大题库。这种自由混搭、创意拼凑的建筑风格，又称“折中主义建筑”。

罗马维托里奥·艾玛努埃莱二世纪念堂是为纪念意大利统一而兴建，采用科林斯柱与各历史阶段的建筑元素。（摄影/ 萧淑美）

欧洲历史主义

建筑理论家威廉·莫里斯（1834—1896）形容历史主义建筑是一场“装扮别人的化装舞会”。19世纪欧洲迈入工业化社会，城市的地貌被大量前所未见的新形态建筑改变，建筑的机能性更多，办公大楼、展览馆、火车站、市政厅等应运而生。除了功能需求复杂，外观形态也需要仔细斟酌，于是建筑师决定以历史为师，将过去的风格套用在新类型的建筑上。法庭、司法大厦偏爱厚实稳重的仿罗马风格，学院多采取明亮轻快的哥特样式，行政中心与国会多为代表理性与秩序的新古典样式，商业大楼及剧院则带有浓厚的文艺复兴气息。不过样式使用并非固定不变的，多数情况是一栋建筑同时包含多种历史时期的风格，凸显商业社会的多元活泼。

建筑师加尼叶规划的巴黎歌剧院，混合使用青铜、石材与大理石，其均衡对称的廊窗与雕刻，展现古典与巴洛克共存的历史主义特质。（图片提供/维基百科，摄影/Jastrow）

美洲历史主义

自大航海时代开始，欧洲人在世界各地扩展殖民势力。16世纪之后的美洲建筑，多依循移民者的欧洲母国风格修改兴建。例如西班牙人将巴洛克与哥特风格教堂引进中美和南美洲，不过建筑上采用玛雅与阿兹特克的图纹装饰，表现出浓厚且华丽的地域性。北美洲的英、法移民受启蒙运动影响，偏好新古典主义、帕拉第奥风格等建筑样式，喜好有山墙、柱廊及圆顶相互搭配的设计，讲究建筑的对称与平衡。这股风潮始于美国总统杰斐逊，他在弗吉尼亚州盖了一栋模仿帕拉第奥圆厅别墅的住宅，并以古希腊罗马建筑样式作为美国州政府和联邦政府公共建筑的模范。到了19世纪，美国建筑同样多是历史主义的天下。例如宾州艺术学院就包含了维多利亚、英国哥特式，以及法国19世纪流行的双坡式屋顶（芒萨尔式屋顶）等形式，可说是古代建筑样式在新大陆的整合与实验。

左图：建筑师桑顿仿效帕特农神庙，擘画了美国国会大厦的主立面。建筑师华特则增建钢铁结构的圆顶。（图片提供/GFDL，Diliff）

右图：帕拉第奥风格是指将希腊神庙元素转化到一般建筑上，例如杰斐逊设计的弗吉尼亚大学图书馆。（图片提供/维基百科，摄影/Todd Vance）

新艺术运动

19世纪末到20世纪初的30年间，工业化材料创造出新的建筑结构和形式，建筑师终于摆脱古典思维，重新诠释新时代建筑的装饰风格。例如以铸铁呈现出有花叶鸟兽线条的铁窗、混用多种材料打造出具异国风情的室内空间，以及使用细长的铁柱支撑钢筋混凝土铸成的弧形拱顶等。这种将自然界中可见的造型融入建筑设计里的建筑形式，统称为新艺术风格。西班牙建筑师高迪是新艺术风格的代表。他创造出梦幻奇特的建筑造型，像骨头般的柱子、波浪状的外墙、玉米状的高耸尖塔等。高迪以大胆的创新取代了历史样式，间接带动了现代建筑的发展。

高迪米拉公寓，以海边作为设计概念。外观与内部处处呈现如波浪的弧形，阳台栏杆做成海藻形状。（图片提供/GFDL，摄影/ Maksim）

单元10

现代建筑

（推动现代主义建筑革新运动的重要机构——德国包豪斯学校。图片提供/维基百科，摄影/Mewes）

建筑技术在19世纪末、20世纪初有了革命性的改变，钢铁结构、平板玻璃及机械量产的砖石与建筑构件，造就了全新的建筑风格。强调实用与机能的现代建筑一跃而起，繁复的历史样式建筑走入历史。

国际风格

“国际风格”这个名词是在1923年第一届国际现代建筑博览会上提出的，在20世纪20年代至20世纪70年代，世界各地流行的方盒子、平屋顶、白墙与制式长窗等外形雷同的建筑风格都属于国际风格的建筑。第一次世界大战之后，各国民生凋敝、百废待举，建筑师自视为社会改革的一分子，主张为民众建造合宜的集合住宅，建筑必须依据功能来决定形式，强调清晰、简洁、无多余装饰。这种风格以3位建筑师为代表：柯布西耶将住宅比喻为机器，主张以工业化的方法大量制造建筑；格罗皮乌斯创立包豪斯设计学院，以钢筋混凝土作为建筑框架，大量运用玻璃帷幕与平屋顶；美国建筑师路德维希·密斯·凡德罗则提出“少就是多”的口号，雕

钢筋混凝土以钢筋作骨架，加上可塑的混凝土，一方面强化建筑物强度，另一方面造型更自由，造就出建筑新风格。（图片提供/GFDL，摄影/Luigi Chiesa）

图为萨维亚别墅。柯布西耶在《走向新建筑》一书中提出新建筑的5要素：独立支柱、屋顶花园、灵活平面、连续长窗与块状立面，而这栋位于法国普瓦西的住宅即是此理念的实践。（图片提供/维基百科）

饰、柱廊都不见，取而代之的是绝对简洁的立面。国际风格反映了20世纪前半期“快、多、好、省”的建筑需求。

路德维希·密斯·凡德罗为1929年世界博览会设计的展馆充分展现“少就是多”的主张，当代建筑常采用钢与玻璃结合的建筑也受其影响。（图片提供/GFDL，摄影/ Hans Peter Schaefer）

有机建筑

落水山庄是莱特最知名的作品。建筑位于瀑布上方，楼高3层，向不同方向延伸，与环境巧妙结合。（图片提供/GFDL，摄影/Sxenko）

在摩天大楼与国际风格蔓延之际，另一批建筑师则崇尚建筑应与环境结合。美国的莱特、芬兰的奥图、德国的夏隆等人，纷纷提出有机建筑的概念，与方盒式的集合住宅形成对立。这种风格又称为半农业合作社区主义，它的灵感来自美国乡村的木造建筑，反对传统历史样式的抄袭，也不赞同建筑应该像机器般冰冷。这些建筑师认为建筑应融入自然，和环境和谐共处，像是从土里长出来一样，因此特别重视房屋与周围土地的关系。以莱特的作品为例，特色是拥有水平横向开展的空间、大片落地窗、大面积平台，以及与环境相融的材料等，灵活及充满创意的内外空间关系，深深影响后现代主义建筑。

夏隆设计的柏林爱乐音乐厅，以船为设计概念，造型独特。他将舞台移至音乐厅中央，打破演出者与听众的界限。（图片提供/GFDL，摄影/Manfred Bruckels）

摩天大楼

1871年芝加哥大火，全市1/3建筑付之一炬。为了在最短时间内重建城市，建筑师决定抛除历史风格与雕刻装饰的包袱，转而寻求耐火且能快速搭建的建筑形式，加上此时钢筋混凝土与电梯设备的发明，立面简单的高层楼建筑——摩天大楼便在芝加哥出现。摩天大楼不仅勾勒出现代都市的景观，也成为现代主义建筑的先驱。苏利文(1856—1924)是当中最著名的建筑师，他设计的CPS百货公司，楼高10层，外观铺满白色陶砖，华丽复杂的铸铁门窗取代历史样式的雕刻与纹饰，是20世纪办公大楼与百货公司的范本。

芝加哥大火后，当地开始兴建摩天大楼，首栋摩天大楼便诞生于此。图为CPS百货。（图片提供/维基百科）

单元11

印度教与佛教建筑

（印尼婆罗浮屠。图片提供/GFDL，摄影/Gunkarta）

印度教与佛教都起源于印度。在印度教信仰里，寺庙被视为众神的居所，庙塔则象征印度神话中神圣的须弥山。窣堵波和支提窟是最原始的佛教建筑形式，随佛教信仰传播，在亚洲各地逐渐发展出风格迥异的宝塔、石窟和寺庙群。

右：17世纪建造的马都拉大庙，属南印度达罗毗荼风格。由院落、塔、庙等组成，大小寺庙30余座。（图片提供/GFDL，摄影/Kumar Appaiah）

左：大庙塔身饰满人物雕像，塔顶为卷棚造型。（图片提供/GFDL，摄影/Bernard Gagnon）

印度教建筑

印度教早期建筑多以竹子、茅草搭建。公元前273年，孔雀王朝阿育王统治时期，才以石头作为印度教及佛教建筑的建材，并加以雕刻装饰。印度教的庙塔象征圣山，外观模仿山的形状，利用石头本身的重量层层内缩、堆叠而成。印度教建筑的风格依据地理位置划分，北印度属那加拉风格，以蜂窝状的高塔为特色；南印度的达罗毗荼形式庙宇，则是阶梯式金字塔造型；中部地区多为南北两种建筑形式的折中，又称混种风格。

印度坦贾武尔的布里哈迪斯瓦拉神庙建于10世纪，庙塔高13层仅祭司与君王能进入。（图片提供/GFDL，摄影/Ondrej Zvacek）

印度教的神庙大多建在高层台基上，有陡峭的阶梯直通圣殿中心，一般只有祭司及君王才能进入，平民则以绕行神庙的方式膜拜。整体看来，印度教神庙如同坐落于曼陀罗图形上的大型雕刻，周围的廊道与外墙，装饰着栩栩如生的浮雕，述说梵天、湿婆与毗湿奴等众神的故事。

佛教建筑

佛教建筑包括佛塔、寺院、石窟等。印度桑

吉窣堵波、中国敦煌石窟、缅甸大金塔等，皆是举世闻名的佛教建筑。其中窣堵波、支提窟与精舍，被视为印度佛教建筑的代表。窣堵波通常为半圆形土丘，外覆砖石，造型简单。它的顶端有伞形的宝冠，传入中国后演变为多角形宝塔。支提原意为“神龛”，支提窟则指设有僧院的集会厅。印度人在天然岩壁上开凿出内凹的空间，在里头打造步廊、大厅、环形殿以及小型窣堵波。支提窟仰赖天然采光，当阳光从入口处的马蹄形窗洒进，能营造出庄严气氛。精舍是僧侣修行用的禅室，多建于支提窟旁，样式简单，由方形庭院和数间僧房组成。到了后期，精舍开始有较多变化，出现圆顶、带柱大厅，以及装饰浮雕彩绘的墙面。

印度的桑吉窣堵波，窣堵波又称舍利塔，原本为坟冢，后来演变成佛教徒祭拜的圣祠。（图片提供/达志影像）

吴哥王城与婆罗浮屠

位于柬埔寨的吴哥王城和印尼爪哇的婆罗浮屠，是印度教与佛教建筑在东南亚发扬光大之作。吴哥王城是9—15世纪间，高棉王朝在洞里萨湖北岸兴建的壮丽皇城，也是现今世界规模最大的宗教建筑群。吴哥王城遗址共包括600多座佛教及印度教庙塔，主要建筑包括巴肯寺、吴哥窟、巴扬寺等。当中较大的庙宇有高墙环绕，建筑的门、墙、栏杆等全是精美的雕刻，是印度教建筑最壮阔的诗篇。

婆罗浮屠是由整块火山岩露头刻成，兴建于公元8世纪。浮屠的台基与其上5层平台呈方形，上面又有3层圆形平台，最高处是一座大型窣堵波。整座建筑由外而内、由下而上，一圈又一圈的通道，象征修行的9个阶段。3层圆形平台上有72座钟形窣堵波，立有72尊佛像。婆罗浮屠鬼斧神工的建造技法，是佛教建筑的上乘之作。

吴哥王城又名大吴哥，是9—15世纪高棉王朝国都。吴哥一词来自梵语中的城市。此地与中国长城、埃及金字塔、印度尼西亚婆罗浮屠并称东方四大奇迹。（图片提供/维基百科，摄影/David Wilmot）

沿山崖开凿的阿旃陀支提窟与精舍，以精美的雕刻与壁画闻名，是东南亚、中国等地佛塔、石窟的原型。（图片提供/维基百科，摄影/Danial Chitnis）

单元12

伊斯兰教建筑

（土耳其苏丹阿密清真寺一景，这里俗称蓝色清真寺。图片提供/GFDL，摄影/Osvaldo Gago）

中东地区从7世纪开始，出现一种独具风格的宗教建筑——清真寺。它的洋葱形屋顶、色彩丰富的外墙与封闭式庭院等设计，随着伊斯兰教的发展，传播到西亚、北非、印度、中亚及西班牙等地，影响当地的建筑风格。

庄严肃穆的清真寺

清真寺是伊斯兰教的祈祷场所，寺内空间通常大而宽广，有庭院、礼拜堂和壁龛。建筑的装饰与坐落方位都以《古兰经》为准则，拜殿的中心线必定精准地朝向圣地麦加。四周耸立长矛状的高塔建筑——宣礼塔，宣礼师在此带领四方信徒祷告，是清真寺的一大特色。

早期中东地区的清真寺多有尖拱、圆顶、封闭式庭院等特色，室内柱子与窗上的屏板，装饰有繁复的几何图形雕刻；12世纪，埃及与伊朗的清真寺出现了圆柱状的宣礼塔、大圆顶空间、砖砌图案等；到了17世纪逐渐发展出马赛克装饰技术，此后蓝色圆顶和彩色立面风格的清真寺大量兴建。西班牙与土耳其则分别受到古罗马及拜占庭风格影响，当地的清真寺院以连拱长廊和半圆球屋顶著称。

伊拉克的阿尔玛维亚清真寺是伊斯兰教最大的礼拜寺，总面积达4万多平方米，以蜗牛状的宣礼塔最具特色。（摄影/Jim Gordon）

土耳其伊斯坦布尔的倍亚济清真寺内，虔诚的穆斯林正在祈祷。光线从圆顶的窗孔洒下，拱柱区隔了空间，寺内装饰图纹为花草或几何图形等。（图片提供/达志影像）

宏伟的宫殿与陵墓

清真寺建筑必有壁龛，用以指示圣地麦加的方向。（图片提供/GFDL，摄影/Radomil）

伊斯兰教的宗教文化同样影响欧亚等地的宫殿城堡建筑，虽然建筑结构与欧洲中世纪的城堡相似，但外墙色彩缤纷，建筑内外以华丽的伊斯兰图案装饰，其中最著名的为西班牙的阿尔汉布拉宫。由于它位于红土丘上，城墙以红土筑构，因此又称“红堡”。整体建筑布满明亮而繁复的花砖与浮雕，院落重重；拱柱廊道、花园庭院与水池喷泉的设计也独具巧思，对于光线与空间的运用十分娴熟。

陵墓建筑在伊斯兰教建筑中极具代表性，在简单的平面与几何量体上，和谐稳重地放置洋葱状或半圆形球体作为屋顶，讲究尺寸比例，营造出沉静与庄严的气氛。其中最精彩的建筑当属印度的泰姬陵。

阿尔汉布拉宫的狮子院得名自喷泉座的12尊石狮子，这个庭园是《古兰经》中“天园”想象的再现。（图片提供/维基百科，摄影/comakut）

泰姬陵是莫卧儿王朝的沙贾汗为爱妃修筑的坟墓，采取左右对称布局，主建筑绝美，被誉为“印度的珍珠”。（图片提供/GFDL，摄影/Dhirad）

建筑师锡南

锡南（Sinan，1489—1588）是16世纪中叶奥斯曼土耳其帝国最优秀的皇家建筑师。由于他曾奉命重修圣索菲亚教堂，将它由基督教建筑改建成伊斯兰教建筑，日后他也以圣索菲亚教堂的集中式平面、拱顶结构为范本，设计出融合罗马建筑、波斯建筑和伊斯兰3种风格的清真寺。苏里曼清真寺是他的代表作，寺内包括7所经学院、1座医院、澡堂和喷泉，以中央大圆顶为建筑中心，由4根粗大的石柱支撑，周边围绕500多个小圆顶，外围伫立4座高耸的宣礼塔，墙上的彩色玻璃与伊兹尼克磁砖，使建筑更添富丽堂皇之感。锡南一生设计79座清真寺，在不断重复的设计中寻求变化，追求最完美的宗教建筑尺寸。

锡南（左立者）结合基督教建筑传统与伊斯兰教传统圆顶结构，影响清真寺建筑风格。（图片提供/维基百科）

单元13

中国建筑

（紫禁城一隅。图片提供/维基百科，摄影/Saad Akhtar）

天人合一的风水观、框架式的木构建筑及阶级分明的伦理规范，是影响中国古代建筑形貌的关键因素。其中，宫殿、佛塔与园林，分别代表政治、宗教和文人的价值观。

皇城与宫殿

深受儒家“君臣有序”的观念影响，皇城的规模与坐落其中的宫殿，都是中国建筑艺术宏伟精致的典范。在位置选择上，要有连绵起伏的山脉（龙脉）、环绕的河水及合宜的穴场（方位理想的基地），以利藏风聚气、趋吉避凶。皇城的城市规划和建筑配置，恪遵《易经》阴阳八卦的原则，强调对称与调合。例如北京城的建筑分布便是天坛在南、地坛在北；太庙在左，社稷坛在右。北京城分外城、内城、皇城和紫禁城；紫禁城内又分外朝与内廷，其建筑群具有院落重重、雕梁画栋等特点。宫殿屋顶的颜色是皇帝专用的黄色，墙面则是象征紫微星的紫红色。其中的太和殿是中国现存最大的木构建筑，面阔11间、进深5间，拥有6根蟠龙金柱，并装饰双龙合玺彩绘，这些都是中国建筑最尊贵的形式。

（图片提供/达志影像）

紫禁城为明清两代皇宫，建筑分布以外朝三殿（太和、中和、保和）和内廷三宫（乾清、交泰、坤宁）为中轴线，次要宫殿对称分布。

太和殿即俗称的“金銮殿”，是紫禁城内等级最高的建筑，以72根大柱支撑建筑重量，装饰也极尽豪华。明清皇帝登基、大婚等典礼都于此举行。（图片提供/达志影像）

佛塔与园林

其实，中国早在秦汉时期就已发展出砖石结构的建筑，但主要用于建造墓室、城门和桥梁。南北朝之后佛教传入，中国出现许多砖造佛塔，例如河南嵩岳寺砖塔、山西佛光寺塔，塔身有着莲花、宝珠的雕饰，明显受印度建筑所影响。隋唐以后，高楼层木塔出现，楼阁式的佛塔成为中国佛教建筑一大特色。山西应县的佛宫寺木塔是中国现存最古老的木塔，塔身坐落在砖造台基上，楼高66米，使用60多种斗栱形式支撑各层塔檐，充分显现中国建筑细部结构的精致多变。

在政治、宗教的仪轨之外，中国文人以园林诠释自己的价值观。以亭台楼阁，配合假山、流水、花木、小桥，组合成“虽由人作，宛自天开”的庭院，并利用栏杆、矮墙、漏窗或竹林区隔空间，营造蜿蜒不尽的视觉效果。苏州四大名园沧浪亭、狮子林、拙政园和留园是最具代表性的园林，展现中国独有的空间艺术。

山西应县佛宫寺木塔又名释迦塔，是中国现存保存历史最久、最高的木塔。
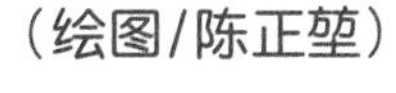
（绘图/陈正堃）

上图：拙政园是苏州园林中最大的一座，建园时曾请文士文徵明设计蓝图，以水为主轴，临水而建的水榭亭台与林木连成一景，曲径通幽，别有洞天。（图片提供/达志影像）

日本传统建筑

日本传统木构建筑受中国影响而采用斗拱。建于607年的奈良法隆寺的金堂，是世界现存最古老木造建筑，保留了中国隋唐的建筑样式，以厚实斗拱支撑弧度优雅的屋顶。神社则是日本神道教的代表性建筑，最能说明日本传统的建筑文化。位于本州岛的伊势神宫，是日本的国家神社，建筑在架高的木造基座上，屋顶维持传统的人字形茅草屋顶样式。为了让建筑风格历久弥新，伊势神宫每20年进行一次原样重建，这是因为日本人认为让神住在破损的建筑中是对神不敬，所以不断地重建。在此过程中将上千年的建造技术原封不动传承给下一世代，可以看成是通过保存建筑形式达到保存建筑技术的目的。

奈良法隆寺金堂与五重塔。法隆寺虽于8世纪重建，仍是世界最古老的木造建筑。（图片提供/GFDL，摄影/663highland）

单元14

当代建筑

（建筑师摩尔的美国新奥尔良意大利广场。图片提供/GFDL，摄影/Walt Lockley）

国际风格风行数十年之后，人们逐渐发觉现代主义建筑的缺失。建筑师重新思考风格与形式的价值，以新的科技与设备，创造出令人惊喜的当代建筑。

后现代主义建筑

后现代主义是20世纪后期兴起的社会思潮。在资讯科技不断翻新的年代，人们对现代主义建筑的单调感到腻烦，美国建筑评论家詹克斯甚至在1972年宣布，现代建筑已死。新一代建筑师趁势提出新的趋势和理论，例如美国的范裘利试图连接现代与传统的作法，葛瑞夫夸张亮丽的色彩运用，都属后现代主义建筑。从摩尔的新奥尔良意大利广场、罗杰斯与皮亚诺的蓬皮杜艺术中心，以及贝聿铭为卢浮宫打造的玻璃金字塔等例子，也能看出后现代主义建筑多元与矛盾的特质。总结来说，后现代建筑强调装饰的美感，尊重历史与当地传统，同时须配合新技术设备和机能的需求，例如空调系统、灯光音响效果，或是大型展览空间和体育馆的各种操控装置。建筑师在数字技术协助下，大胆发挥创意，塑造出自由狂放的造型。例如外形结构犹如昆虫羽翼般的地铁站，或是鸟巢造型的体育馆，都是前所未见的创举，完全颠覆过去垂直或水平的空间想象。

美籍华裔建筑师贝聿铭设计的卢浮宫金字塔。透明的玻璃结构不致完全遮住原本的建筑本体，同时材质也和原先建筑形成对比的美感。

法国蓬皮杜艺术中心的设计概念包含管线外露、透明、可拆解移动等。蓝色是空调管线，绿色是水管，黄色是电力，红色是电扶梯。

未来建筑艺术发展

迈入21世纪，高度工业化与对能源的极端依赖，已使得地球环境面临浩劫。1987年联合国发表“我们共同的未来”宣言，环保和可持续发展成为未来建筑的课题。建筑业相当消耗资源，从钢筋、水泥、玻璃等材料的取得，到施工、美化过程，都要使用大量资源，并产生许多废料。以减少、再利用和再生为准则的绿色建筑便成为未来趋势。“美国国家建筑博物馆”策展人大卫·吉森便提出可持续建筑的概念。他引用莱特的有机建筑理论，主张回归生态美学，在设计建筑物时将阳光、风与树等自然环境纳入设计里。例如将摩天大楼的能源调节与当地的生物、气候相配合；英国伊恩尼卡电信公司总部、德国联邦环境部大楼的设计，都是这个概念的落实。

位于伦敦的瑞士再保险大楼，外表以双层低反光玻璃降低日照热度；旋转型的楼层设计，使阳光不直接穿透；犹如弹头的外形，使大楼更显前卫。（图片提供/维基百科，摄影/Andrew Dunn）

德国联邦环境部大楼采用能调节通风的百叶窗，中庭有开阖式的玻璃天窗，屋顶装设太阳能光电板供应内部电力，是绿色建筑的典范。（图片提供/GFDL，摄影/janine pohl）

建筑的解构主义

解构主义是后现代主义兴起之后，建筑上另一种离经叛道的风格。解构主义原本是法国哲学家德里达提出的概念，以怀疑的眼光否定过去的思潮，借用到建筑上，形成一种颠覆传统、破碎、不完整的建筑形式。1988年纽约现代艺术博物馆举办的解构主义展览，展出的设计模型，多半支离破碎、扭曲突兀，有着怪异形状的结构，展现解构主义混乱无拘束的特性。解构主义建筑的代表人物为美国建筑师盖里，他设计的西班牙古根汉美术馆，以钛金属板作为外墙，利用连续曲线和曲面结构，交织出像鱼又似船的形体，颠覆一般人对建筑的看法与想象。

弗兰克·盖里的作品极具辨识性，有钛金属外壳与不规则外形，有人以“巨大的雕塑”形容。（图片提供/达志影像）

英语关键词

建筑 architecture

建筑物 building

建筑师 architect

营建/建造 build

砖 brick

混凝土 concrete

钢筋混凝土 reinforced concrete

清水混凝土 raw concrete

马赛克 mosaic

预铸 prefabrication

结构 construction

圆柱 column

柱式 order

柱头 capital

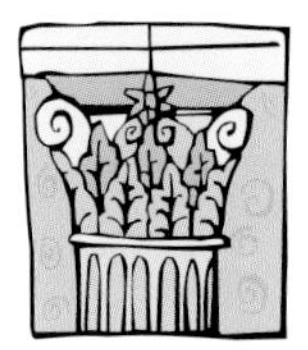

楣梁式 trabeate

拱 arch

拱心石 keystone

屋顶 roof

圆顶 dome

穹顶 vault

拱肋 vault rib

拱廊 stoa

山墙 gable

立面 facade

墙 wall

飞扶壁 flying buttress

玫瑰窗 rose window

开间 bay

金字塔 pyramid

梯形塔庙 ziggurat

万神殿 pantheon

巴西利卡 basilica

广场 forum

教堂 church

城堡 castle

核堡 keep

皇宫 palace

窣堵波 stupa

支提窟 chaitya

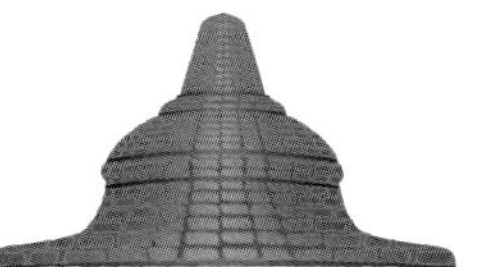

神龛 shrine

僧院 vihara

清真寺 mosque

宣礼塔 minaret

寺庙 temple

塔 pagoda

鸟居 torii

摩天大楼 skyscraper

吴哥窟 Angkor Wat

婆罗浮屠 Borobudur

泰姬陵 Taj Mahal

仿罗马式风格 Romanesque style

哥特式建筑 Gothic

文艺复兴 Renaissance

古典风格 Classical style

巴洛克 Baroque

洛可可 Rococo

矫饰主义 Mannerism

新古典主义 Neoclassicism

国际风格 International style

现代主义 Modernism

后现代主义 Post-modernism

有机建筑 Organic Architecture

解构主义 Deconstructionism

绿色建筑 Green Building

装饰艺术 art deco

新视野学习单

1 下列关于建筑结构和设计的叙述，对的打○，错的打×。

（　）好的建筑必须具备坚固、实用与美观3要素。
（　）埃及金字塔属框架式建筑，中国木构建筑则多叠砌式。
（　）建筑的发展与自然、社会、科技和艺术息息相关。
（　）建筑师利用重复、对称与不规则等方法设计建筑。

（答案在06—09页）

2 西亚塔庙和埃及金字塔的叙述，哪个是错误的？（单选）

1.阶梯形塔庙是两河文明城市中最高的建筑。
2.两河流域以石块为主要建材。
3.埃及大祭司伊姆霍特普，首先设计出阶梯式金字塔。
4.金字塔是法老的陵墓，以吉萨3座大金字塔最著名。

（答案在10—11页）

3 古希腊罗马的建筑分别有什么特色，连连看。

古希腊神庙·　　　　·拱圈
　　　　　　　　　　·有多立克、爱奥尼克、科林斯3种柱式
罗马公共建筑·　　　·强调和谐、严谨的比例
　　　　　　　　　　·以壁柱和连续拱廊作为结构装饰

（答案在12—13页）

4 下列文艺复兴时期的建筑师，各有什么建筑特色，连连看。

米开朗琪罗·　　　　·以罗马圣彼得小神殿为代表作
布拉曼特·　　　　　·将雕刻融入建筑
布鲁内莱斯基·　　　·采用连续拱廊和集中式平面设计
帕拉第奥·　　　　　·着重柱式和厚壁的应用
阿尔伯蒂·　　　　　·将古希腊神庙的正面设计和教堂圆顶应用在民宅

（答案在16—17页）

5 巴洛克建筑有什么特色？对的打○，错的打×。

（　）巴洛克建筑常见自由、波浪状与不对称的造型。
（　）喜爱以圆形或方形作为教堂的平面设计基础。
（　）外观装饰有繁复的雕刻，室内也布满浮雕与彩绘。
（　）17—18世纪的天主教教会与欧洲王室偏好这种建筑风格。

（答案在18—19页）

6 连连看，下列建筑分属哪一种建筑风格？

帕特农神庙·	·巴洛克建筑
比萨斜塔·	·哥特式建筑
巴黎圣母院·	·文艺复兴建筑
佛罗伦萨大教堂·	·古希腊建筑
凡尔赛宫·	·仿罗马式建筑

（答案在12—19页）

7 关于新古典主义建筑与西方历史样式建筑的叙述，哪些正确？（多选）

1.新古典主义是对巴洛克与洛可可风格的反动。

2.新古典主义建筑大量运用圆顶、山墙与古希腊柱式门廊。

3.西方历史样式建筑是将历史上各时期盛行的风格自由混搭拼凑，又称折中主义建筑。

4.美国国会大厦以帕特农神庙为仿效对象。

（答案在20—23页）

8 有关印度教、佛教与伊斯兰教建筑，哪些正确？（多选）

1.窣堵波和支提窟是最原始的印度教建筑形式。

2.南印度的印度教建筑特色是阶梯式金字塔。

3.清真寺的建筑装饰与方位选择都依据《古兰经》。

4.宣礼塔、洋葱形屋顶与封闭式庭院为清真寺建筑的特色。

（答案在26—29页）

9 关于中国建筑的描述，哪一项错误？（单选）

1.中国建筑的选址和方位都深受风水观念影响。

2.紫禁城的宫殿屋顶采用象征天上紫微星的紫色。

3.山西应县的佛宫寺木塔是中国现存最古老的木塔。

4.斗拱是中国建筑最精致多变的结构。

（答案在30—31页）

10 关于现代建筑，请填入适当的字词。（提示：国际风格、绿色建筑、后现代主义、有机建筑）

1.________建筑反应了快、多、好、省的建筑需求，各建筑的外形雷同：方盒子造型、制式长窗等。

2.莱特的落水山庄，体现________主张的建筑应融入自然。

3.________建筑的产生起因于人们对现代主义建筑的单调感到腻烦。

4.________以减少、再利用与再生为准则，是21世纪建筑发展的重要趋势。

（答案在24—25、32—33页）

我想知道……

这里有30个有意思的问题，请你沿着格子前进，找出答案，你将会有意想不到的惊喜哦！

开始！

中国的木构建筑是采用哪种结构？ P.06

“以石头诠释的政治制度”是形容哪座宫殿？ P.07

伊斯兰琉璃砖么建筑

哪位美国总统带动了美国历史主义建筑的风潮？ P.23

美国国会大厦的立面仿自哪一座神庙？ P.23

哪位建筑师主张以工业化方式大量制造建筑？ P.24

太棒得美牌。

高迪的哪栋建筑以海边作为设计概念？ P.23

紫禁城的紫红色墙面象征什么？ P.30

苏州四大名园是哪四座园林？ P.31

蓬皮杜艺术中心外露的蓝色管线有何用途？ P.32

19世纪的欧洲法庭建筑多采用哪一种风格？ P.22

哪个建筑被称为“印度的珍珠”？ P.29

阿尔汉布拉宫为什么又称“红堡”？ P.29

颁发洲牌。

太厉害了，非洲金牌也是你的！

什么是布杂艺术风格？ P.21

哪种风格的建筑常有花叶、贝壳、海草等雕饰？ P.19

谁被称为巴洛克风格的主导者？ P.18

巴洛克的什么？

建筑的
原自什
P.10

什么人发明混凝土？
P.13

哪座古罗马建筑是圆形剧场建筑的典范？
P.13

不错哦，你已前进5格。送你一块亚洲金牌！

古罗马万神殿的建筑技巧有什么特色？
P.13

了，赢
洲金

什么是有机建筑？
P.25

摩天大楼最早出现在美国哪座城市？
P.25

为什么仿罗马式建筑的平面多呈现十字形？
P.14

太好了！
你是不是觉得：
Open a Book！
Open the world！

摩天大楼的产生与哪两样东西的发明有关？
P.25

为什么哥特式建筑能突破以往而建得特别高耸？
P.15

大洋
金

世界规模最大的宗教建筑群在哪里？
P.27

印度教的庙塔象征什么？
P.26

《巴黎圣母院》中的钟楼是指哪座建筑？
P.15

原意是
18

哪位建筑师发明“巨柱”？
P.17

获得欧洲金牌一枚，请继续加油！

文艺复兴建筑由哪两个时代的建筑中寻求灵感？
P.16

图书在版编目（CIP）数据

建筑艺术：大字版 / 陈健瑜撰文．—北京：中国盲文出版社，2014.9

（新视野学习百科；91）

ISBN 978-7-5002-5278-8

Ⅰ．①建… Ⅱ．①陈… Ⅲ．①建筑艺术—世界—青少年读物 Ⅳ．①TU-861

中国版本图书馆 CIP 数据核字（2014）第 206039 号

原出版者：暢談國際文化事業股份有限公司
著作权合同登记号 图字：01-2014-2070 号

建筑艺术

撰　　文：陈健瑜
审　　订：黄士娟
责任编辑：李　爽
出版发行：中国盲文出版社
社　　址：北京市西城区太平街甲 6 号
邮政编码：100050
印　　刷：北京盛通印刷股份有限公司
经　　销：新华书店
开　　本：889×1194　1/16
字　　数：33 千字
印　　张：2.5
版　　次：2014 年 12 月第 1 版　2014 年 12 月第 1 次印刷
书　　号：ISBN 978-7-5002-5278-8/TU·2
定　　价：16.00 元
销售热线：（010）83190289 83190292 83190297

绿色印刷　保护环境　爱护健康

亲爱的读者朋友：

本书已入选“北京市绿色印刷工程—优秀出版物绿色印刷示范项目”。它采用绿色印刷标准印制，在封底印有“绿色印刷产品”标志。

按照国家环境标准（HJ2503-2011）《环境标志产品技术要求 印刷 第一部分：平版印刷》，本书选用环保型纸张、油墨、胶水等原辅材料，生产过程注重节能减排，印刷产品符合人体健康要求。

选择绿色印刷图书，畅享环保健康阅读！

北京市绿色印刷工程